AF257236

ttre de M.
Marquis de
Médecin
de Province.

T 64
29

ttre de M.
Marquis de

Tb 64
29.

LETTRE

DE M. LE MARQUIS DE***,

A UN MÉDECIN DE PROVINCE.

BIBLIOTHEQUE ROYALE

JE ne suis, Monsieur, ni savant, ni Médecin:
Vous qui réunissez ces deux titres, par quelle sin-
gularité vous adressez-vous à moi pour avoir les
connoissances que vous desirez sur M. Mesmer &
sur le Magnétisme animal ? Seriez-vous assez sage
pour penser qu'un être isolé, qui n'a que de la
raison & de la bonne-foi, ne se décidant que
d'après les faits, doit mieux voir, mieux juger
qu'un Académicien, ou un Membre de la Faculté
qui a des systêmes, des opinions de convention,
& sur-tout un esprit de parti & des intéréts per-
sonnels.

A

Je vous ai souvent entendu dire que vous ne deviez qu'au hazard les grands succès que vous avez eu en Médecine, lorsque vous la professiez : que des mêmes principes qui vous ont conduit aux résultats les plus heureux, vous auriez pu également tirer les conséquences les plus meurtrieres ; enfin, vous êtes bien convaincu que, si les Médecins ont quelques régles pour connoître le mal, ils n'en ont presque point pour connoître le remede : qu'il n'est jamais qu'une maniere de connoître la nature, & de l'aider à guérir, mais qu'il en existe des millions pour la contredire & pour assassiner.

Ces tristes vérités sont venues de bonne heure affliger le cœur de M. Mesmer. Doué d'une profonde sensibilité, d'un génie vigoureux, d'une imagination très-active & d'un caractere intrépide, il s'est élancé au-delà du cercle qui circonscrit les connoissances humaines. Après avoir consulté la nature longtemps & incessamment par l'observation & la méditation, il a soupçonné qu'il existoit un principe universel, uniforme & vivifiant.

Toutes les forces de son intelligence se sont tendues vers la recherche de ce principe : il l'a apperçu, il l'a saisi, & une longue expérience, toujours heureuse & jamais démentie, fait aujourd'hui de cette découverte la vérité la plus sensible & la mieux démontrée.

Persuadé que le possesseur de ce principe, déja éclairé par le petit nombre de connoissances certaines que l'on a sur le méchanisme de la vie, pourroit former la doctrine la plus importante pour le bonheur des hommes, M. Mesmer s'est hâté de nous annoncer sa découverte, & il en a rassemblé tous les élémens dans ces propositions si neuves, si étonnantes, & qu'il est nécessaire de ne jamais les perdre de vue.

1.° Il existe une influence mutuelle entre les corps célestes, la terre & les corps animés.

2.° Un fluide universellement répandu, & continué de maniere à ne souffrir aucun vuide, dont la subtilité ne permet aucune comparaison, & qui, de sa nature, est susceptible de recevoir, propager & communiquer toutes les impressions

du mouvement , eſt le moyen de cette influence.

3.º Cette action réciproque eſt ſoumiſe à des
loix méchaniques, inconnues juſqu'à préſent.

4.º Il réſulte de cette action des effets alterna-
tifs , qui peuvent être conſidérés comme un flux
& reflux.

5.º Ce flux & reflux eſt plus ou moins général,
plus ou moins particulier , plus ou moins com-
poſé , ſelon la nature des cauſes qui le détermi-
nent.

6.º C'eſt par cette opération , la plus univerſelle de celles que la nature nous offre , que les
relations d'activité s'exercent entre les corps céleſtes , la terre & ſes parties conſtitutives.

7.º Les propriétés de la matiere & du corps or-
ganiſé dépendent de cette opération.

8.º Le corps animal éprouve les effets alter-
natifs de cet agent ; & c'eſt en s'inſinuant dans la
ſubſtance des nerfs , qu'il les affecte immédiatement.

9.º Il ſe manifeſte particulierement dans le corps

humain des propriétés analogues à celles de l'aimant ; on y diſtingue des pôles également divers & oppoſés, qui peuvent être communiqués, changés, détruits, & renforcés : le phénoméne même de l'inclinaiſon y eſt obſervé.

10.º La propriété du corps animal, qui le rend ſuſceptible de l'influence des corps céleſtes, & de l'action réciproque de ceux qui l'environnent, manifeſtée par ſon analogie avec l'aimant, m'a déterminé à la nommer Magnétiſme animal.

11.º L'action & la vertu du Magnétiſme animal ainſi caractériſées, peuvent être communiquées à d'autres corps animés & inanimés ; les uns & les autres en ſont cependant plus ou moins ſuſceptibles.

12.º Cette action & cette vertu peuvent être renforcées & propagées par ces mêmes corps.

13.º On obſerve à l'expérience l'écoulement d'une matiere dont la ſubtilité pénétre tous les corps, ſans perdre notablement de ſon activité.

14.º Son action a lieu à une diſtance éloignée, ſans le ſecours d'aucun corps intermédiaire.

15.º Elle eft communiquée, propagée & augmentée par le fon.

16.º Elle eft augmentée & réfléchie par les glaces, comme la lumiere.

17.º Cette vertu magnétique peut être accumulée, concentrée & tranfportée.

18.º J'ai dit que les corps animés n'en étoient
pas également fufceptibles : il en eft même, quoi-
que très-rares, qui ont une propriété fi oppofée,
que leur feule préfence détruit tous les effets de
ce magnétifme dans les autres corps.

19º. Cette vertu oppofée pénétre auffi tous les
corps ; elle peut être également communiquée,
propagée, accumulée, concentrée & tranfportée,
réfléchie par les glaces & propagée par le fon :
ce qui conftitue non - feulement une privation,
mais une vertu oppofée pofitive.

20.º L'aimant foit naturel, foit artificiel eft,
ainfi que les autres corps, fufceptible du Magnétifme animal, & même de la vertu oppofée,
fans que, ni dans l'un ni dans l'autre cas, fon action
fur le fer & l'aiguille fouffre aucune altération ;

ce qui prouve que le principe du Magnétifme animal differe effentiellement de celui du minéral.

21.° Ce fyftéme fournira de nouveaux éclair-
ciffemens fur la nature du feu & de fa lumière,
ainfi que dans la théorie de l'attraction, du flux
& reflux, de l'aimant & de l'électricité.

22.° Il fera connoître que l'aimant & l'électricité artificielle n'ont à l'égard des maladies, que
des propriétés communes avec plufieurs autres
agens que la nature nous offre ; & que, s'il eft
réfulté quelques effets utiles de l'adminiftration
de ceux-là, ils font dûs au Magnétifme animal.

23.° On reconnoîtra par les faits, d'après les
regles pratiques que j'établirai, que ce principe
peut guérir immédiatement les maladies des nerfs,
& médiatement les autres.

24.° Qu'avec fon fecours le Médecin eft éclairé
fur l'ufage des médicamens ; qu'il perfectionne leur
action, & qu'il provoque & dirige les crifes falutaires, de manière à s'en rendre le maître.

25.° En communiquant ma méthode, je dé-
montrerai par une théorie nouvelle des maladies,

l'utilité univerſelle du principe que je leur op-
poſe.

26.º Avec cette connoiſſance, le Médecin jugera
ſûrement l'origine, la nature & les progrès des
maladies, même les plus compliquées : il en em-
pêchera l'accroiſſement, & parviendra à leur gué-
riſon, ſans jamais expoſer le malade à des effets
dangereux ou à des ſuites fâcheuſes, quels que
ſoient l'âge, le tempérament & le ſexe : les
femmes même, dans l'état de groſſeſſe & hors des
accouchemens, jouiront du même avantage.

27.º Cette doctrine enfin mettra le Médecin
en état de juger du degré de ſanté de chaque
individu, & de le préſerver des maladies aux-
quelles il pourroit être expoſé. L'art de guérir
parviendra ainſi à ſa derniere perfection.

Dans l'énoncé de ces propoſitions, trouvez-
vous, Monſieur, que l'on puiſſe appercevoir la
dialecte d'un Empyrique & d'un faiſeur de preſti-
ges? Et ſi l'homme, qui les fait entendre ces propoſitions, étoit un Savant, un Médecin fameux
dans une Faculté célebre ; s'il avoit de la naiſſance

& de la fortune ; fi avec une ame forte & fenfible, il confervoit toujours, au milieu des outrages,
une humeur égale & le caractere le plus noble ;
& fi enfin, fans avoir fans ceffe le mot d'humanité dans la bouche, il étoit conflamment modefte,
défintéreffé & d'une générofité infinie, que penfe-
riez-vous de ceux qui, parmi nous, n'obéiffant
qu'à un efprit de parti fougueux ou à une baffe
jaloufie, ofent l'appeller le CHARLATAN MES-
MER ?

Ce Charlatan d'une efpéce fi rare, adreffa en
1776, un Mémoire fur fa découverte à tous les
Corps Savans de l'Europe. Un feul, l'Académie
royale de Berlin, lui fit la grâce de lui répondre,
& il réfultoit de cette réponfe très-laconique qu'il
n'étoit qu'un vifionnaire.

La Faculté de Médecine de Vienne, dont il eft
Membre, a crié contre lui à l'impofture, & l'a
perfécuté impitoyablement.

Arrivé en France, quelques-uns de nos Savans
l'ont accueilli avec honnêteté ; mais ces Savans,
réunis en Corps à l'Académie des Sciences, l'ont

baffoué, rebuté avec mépris, lui & ceux qui s'occupoient de fes propofitions.

La Faculté de Médecine de Paris, a prononcé anathême contre les Sectateurs de cet excommunié, & a lâché contre lui & l'un de fes Mémbres, qui s'étoit déclaré partifan de fes opinions, fes Gazetiers, fes Journaliftes & fes Candidats. Gardez-vous bien, Monfieur Mefmer, de la fantaifie de jamais mettre les pieds en Efpagne ou en Italie : vous n'y échapperiez pas aux cachots de l'Inquifition. Autrefois Galilée y trouva le fort que je vous préfage, & fûrement il le mérita moins que vous.

Pourriez-vous réfléchir, Monfieur, fur cette conduite de nos Savans & de nos Docteurs, fans avoir le cœur comprimé par la douleur, ou révolté par l'indignation ? Comme Médecin, plus encore comme Savant, M. Mefmer eft certainement un homme extraordinaire. Son fyftême eft clairement une grande vérité, ou une grande erreur. Plus de cent perfonnes de toutes les conditions, & qui vivent dans votre Capitale, attef-

tent avoir été guéries, ou au moins confidérablement
foulagées, par le Magnétifme animal, dans différentes
maladies formellement déclarées incurables par les
Membres de notre Faculté : ces cent perfonnes ne
font-elles pas cent preuves qui tranchent la quef-
tion de l'erreur ou de la vérité ?

De pareils renfeignemens n'appelloient-ils pas
d'une voix impérieufe l'Académie des Sciences à
l'examen de la découverte ? Comblée des bienfaits
de nos Rois, honorée de la confiance de la nation
& de l'eftime de l'Europe, fon infouciance fur une
doctrine, qui promet à tous les hommes un fou-
lagement facile à leurs maux, n'eft — elle pas [au
moins dans le cas de reproche ? Veut-elle jufti-
fier irrévocablement ces cris tant répétés, que les
Compagnies Savantes portent dans leur conftitu-
tion un vice radical, qui les rend plus nuifibles
qu'utiles aux progrès des Sciences ?

Quant à la Faculté de Médecine, que peut-on
penfer de fa conduite en général, & des procédés
de fes Membres, pris féparément ? Quelle fera
l'opinion de la poftérité fur l'excès d'abfuadité

& de mauvaife foi avec lequel elle s'eft fignalée dans l'hiftoire du Magnétifme animal?

Pendant huit mois, M. Mefmer a reçu chez lui quatre Docteurs, auffi fouvent qu'ils l'ont defiré ; & durant cet efpace de temps, par une foule d'expériences différentes, il leur a donné des preuves matérielles de l'exiftence & de l'effi-cacité de fon principe. Un feul des quatre eft con-venu qu'il étoit perfuadé, & s'eft déclaré publi-quement l'admirateur de M. Mefmer. Les trois autres, irrités de ne pouvoir nier, ont pris le parti de fe taire, & d'obferver le filence le plus obftiné, dans toutes les occafions où ils ont été interpellés. Ce filence ne parle-t-il pas auffi élo-quemment en faveur de M. Mefmer, qu'il fait mal l'éloge de la droiture & de l'honnêteté de ceux qui l'obfervent ?

M. * * *, Profeffeur Régent de la Faculté de Médecine de Paris, celui des quatre Doc-teurs qui s'étoit déclaré le Sectateur du Magné-tifme animal, eft devenu dès-lors l'objet de l'ani-madverfion de fa Compagnie. Quand il mettoit fous les yeux du Public les preuves d'un nombre de cures parfaites ou commencées par M. Mef-mer ; quand il propofoit de la part de M. Mefmer à fes Confreres, de chercher de bonne-foi la con-viction par le moyen le plus décifif, & qu'il leur offroit de choifir vingt-quatre malades, de bien conftater leur état, de fe les partager, d'en traiter douze par les méthodes ordinaires, les douze au-tres par le Magnétifme animal, & de comparer ; dans ce même temps, dis-je, au lieu de s'em-preffer à faifir la vérité qui leur étoit offerte, Meffieurs de la Faculté s'occupoient à lire, & à répéter jufqu'à la fatiété, au grand fcandale de tous les honnêtes gens, les lourds jeux de mots, les dégoûtantes plaifanteries que leur Gazetier & leur Journalifte vomiffoient contre M. Mef-mer. Toutes ces ordures étoient colportées, répétées dans toutes les maifons dont les miferes humaines ouvrent les portes aux Médecins. Un jeune Adepte, tout plein du lait de l'école, dénonçoit dans une affemblée de la Faculté M. * * *, & fon ouvrage intitulé : *Obfer-*

vations sur le Magnétisme animal. Là, le nouveau Zoïle recevoit des graves Docteurs les applaudissemens les plus flateurs, chaque fois que l'épithéte de *Charlatan Mesmer*, ou d'autres aussi indécentes venoient orner les périodes de sa diatribe ; & puis, les graves Docteurs opinoient fort sensément à la radiation de M. * * * de leur Compagnie, pour s'être avisé d'avoir fait des observations sur le Magnétisme animal.

Maintenant, Monsieur, vous ne douterez pas que cette auguste Faculté de Médecine, dont le grand, le superbe prétexte a toujours été dans cette affaire, qu'elle ne vouloit, qu'elle ne devoit pas se compromettre, ne se soit réellement compromise à un tel point, qu'elle a fait dépendre sa réputation de la destinée de la découverte de M. Mesmer. Si, comme il n'en faut point douter, cette découverte triomphe des manœuvres de l'orgueil, de l'envie & de la cupidité, la postérité ne prononcera jamais le nom du grand homme, auquel elle en sera redevable, sans indignation contre ceux par qui il fut insulté.

Malgré l'oppofition des Savans & des Médecins ,
M. Mefmer ne laiffe pas de conferver un très-
grand nombre d'amis & d'admirateurs. Dans ce
nombre font d'abord tous les mécréants en médecine (& vous favez qu'ils ne font pas rares),& puis
tous les gens raifonnables , qui ne font pas foumis
à l'impulfion des Docteurs & des Académiciens.

On ne doit pas douter que, fi l'un de nos hommes du premier ordre eût voulu fixer fon attention fur le Magnétifme animal , il ne l'eût rendu
facilement victorieux ; je penfe même qu'avec un
partifan d'une réputation ordinaire , il auroit fort
partagé le monde favant & le monde qui s'efforce
de le paroître ; mais franchement , M. * * *
n'eft pas un champion de force à faire infiniment
refpecter une caufe. D'ailleurs,l'ufage qu'il a fait de
la confiance de M. Mefmer, après quatre ans de la
plus profonde hypocrifie , ne donnent pas une idée
bien relevée de fon caractère. Mais ce qui étonne ,
c'eft qu'on veuille fe prévaloir de ce caractère ,
malheureufement trop connu aujourd'hui , pour
outrager l'honnête homme qui s'y eft trop confié.

Parce que M. Mefmer a mal choifi fon ami, on a voulu prouver qu'il n'eft que le *charlatan Mefmer* : voilà à peu-près comme on raifonne dans les Gazettes & les Journaux de Médecine.

Vous concevez aifément par ce premier apperçu, que M. * * * eft, quant à l'efprit & aux con-noiffances, au-deffous de la médiocrité. C'eft un de ces êtres, dont la tête & le cœur n'ont point affez de force & de reffort pour donner à leurs idées & à leurs fentimens, un élan qui les éleve à une certaine hauteur, & qui, foumis à leur inertie, font conftamment & fans diftraction re-tenus dans le cercle étroit de l'égoïfme. Avec au-tant de raifon qu'il en faut pour concevoir que deux & deux font quatre, M. * * * vit clai-rement dès le premier jour, que le Magnétifme animal n'étoit pas une rêverie : il conçut qu'en fuivant le parti de fes confreres, il lui faudroit continuer à profeffer la même doctrine, la même médecine qu'eux ; & cette doctrine, cette méde-cine n'étoient ni heureufes, ni lucratives dans fes mains. Combien le Magnétifme animal devoit lui

plaire !

plaire ! il guérit tout feul , il guérit toujours , & lorfque l'on guérit toujours , on a beaucoup de malades reconnoiflans. Un Huron ne raifonneroit pas différemment, parce qu'un Huron ne fait rien, & raifonne toujours bien.

Avec cette maniere de voir, M. * * * chercha à fe lier intimement avec M. Mefmer , fon langage affectueux , fes procédés tendres exprimoient inceffamment & avec paffion l'admiration , le dévouement , l'amitié & la fincérité.

La confiance & l'attachement d'un cœur droit & fenfible devoient être le prix de tant de démonftrations fi parfaitement foutenues , & M. Mefmer fe livra fans réferve & avec beaucoup de fécurité à l'homme intéreffé qui ne vouloit que le furprendre. Graces au Magnétifme animal, on apprit que M. * * * exiftoit, parloit & écrivoit : il donna au public trois ouvrages fur la découverte de M. Mefmer , deux fous fon nom , & un fous le nom de M. Mefmer , tous les trois écrits d'un ftyle plus que médiocre , chargés d'obfervations triviales & de plaifanteries du plus mauvais goût, mais contenant des faits précieux & des anecdotes remarqua- bles. (*) C'en fut affez pour lui mériter un

---

(*) L'Ouvrage qui a été donné au public fous le nom de M. Mefmer, eft le *Précis des faits relatifs à l'hiftoire du Magnétifme animal*, brochure qu'on m'af- fure n'avoir été lue à M. Mefmer que par lambeaux , & qai n'a été évidemment publiée, que pour accroître le nombre de fes ennemis , & lui donner fingulierement pour adverfaires, tous les Corps Savans, & tous les hommes à réputation de la Capitale.

Ce qu'il faut fur-tout remarquer dans cette brochure, ce font les éloges exagérés que l'Auteur y fait de lui-même; c'eft l'attention qu'il a d'y répéter , à propos & hors de propos, ces étranges affertions : que M. Mefmer lui doit tout, qu'il a fait pour lui les plus grands facrifices, &c. Eloges & affertions que M. * * * a l'art de placer dans la bouche de M. Mefmer, afin de leur donner un plus grand air de vérité.

M. Mefmer doit tout à M. * * * ! finguliere impu- dence ! M. Mefmer qui, prêt à quitter la France à l'inf- tant où il a connu M. * * *, n'y eft refté que pour lui, qui lui a tout appris, même la médecine ordinaire qu'il ne favoit pas, qui s'eft laiffé dérober une partie

arrêt de profcription de la part de fa Faculté ;
& pour engager avec elle une difcuffion qui,
malgré la foibleffe de fes talens, l'auroit à jamais
couvert de gloire, fi fes motifs euffent été plus
nobles. Mais M. * * * n'aime que la gloire cal-
culée. Au fond, il fe foucioit peu de M. Mefmer ;
ce qui lui importoit effentiellement, c'étoit de
fe ménager les moyens de faire une grande fortune, & de placer fon Bienfaiteur dans de telle
circonflances, qu'une fois défabufé, il ne put
élever qu'une voix impuiffante, ou ne tenter,
pour détruire fes perfides projets, que des efforts
inutiles.

Qu'a-t-il fait en conféquence ? L'ayant conflamment entretenu dans une ignorance abfolue de nos
mœurs & des principes de notre gouvernement,

de fes précieufes découvertes ; M. Mefmer qui a réellement mis M. * * * au monde, qui eft l'auteur de
fa petite fortune, on voudroit le repréfenter comme ne
tenant fon exiflence que de fon profélyte ! Et il pourroit fe trouver des hommes affez difpofés à croire aux
fottifes, pour adopter une opinion fi extravagante !

lui ayant montré par-tout des ennemis & des obf-tacles, & ne s'étant prefqu'occupé, pendant qu'a duré leur liaifon, que de l'abreuver de chagrins & de foupçons cruels, il l'a jeté par degrés dans une folitude abfolue : & alors, il lui a perfuadé qu'on ne parloit plus de fa découverte, que lui-même étoit oublié, avili, qu'il n'étoit plus quef-tion de ce qu'il avoit fait, & que fa réputation s'étoit irrévocablement perdue au fein des calom-nies, dont on l'avoit accablé.

Etonné de fa fituation, l'ame pleine d'indigna-tion & de douleur, M. Mefmer craignant de fuc-comber à fon ennui, après quatre ans de perfé-cutions & de travaux, fe détermine à s'éloigner pour quelque temps de Paris. M. ***, qui ne de-firoit que cet éloignement, le fortifie dans fon projet ; il lui prouve même que cette abfence pourroit devenir favorable au rétabliffement de fa doctrine ; & pour achever de le convaincre de la fincérité de fon zèle & de fon dévouement, il lui annonce que, fi-tôt qu'il fera parti, la Faculté de Paris n'ayant encore prononcé contre lui, ***, qu'une radiation provifoire, & cela dans deux affemblées feulement, & une troifieme affemblée étant néceffaire pour que ce Jugement devienne obligatoire, fon intention eſt de demander cette troifieme affemblée, d'y obtenir une radiation formelle, d'appeller enfuite du décret de fes pairs au Parlement ; & là, fon affaire devenant de la plus grande publicité, la difcuffion, dans laquelle il faudroit entrer, répandroit les plus vives lumiè-res, & porteroit infailliblement la conviction dans tous les efprits fur la vérité & l'importance de la doctrine du Magnétifme animal. Pour ne négliger aucun des moyens qui pouvoit conduire à ce but, M. *** pria M. Mefmer de lui confier une tren-taine de certificats des différentes cures qu'il avoit faites.

Muni de ces certificats, la premiere chofe que fit M. *** fut d'oublier leur deftination, ainfi que fes conventions avec M. Mefmer. Il vouloit fe défaire de M. Mefmer pour toujours. Quatre années de combats foutenus fans envie de triom-pher, d'admiration exagérée, d'amitié jouée avec

une adreſſe difficile , de conſeils perfides , de manœuvres ſourdes, avoient laſſé ſa patience ; ſa cupidité ne pouvoit plus être contenue , & il lui tar-
doit de poſer un maſque qu'il n'avoit pris que pour
la ſatisfaire. Le moment favorable étoit arrivé :
il vint à la Faculté , & il déclara dans un Diſcours
que j'ai lu , & où il ſe prodigue les louanges les
plus dégoûtantes , qu'il étoit poſſeſſeur de la découverte de M. Meſmer. Puis , diſpoſant de cette importante propriété , comme ſi elle lui appartenoit,
il ſupprima les certificats de M. Meſmer, & il
invita ſes Confreres à vérifier , non pas les cures
de celui-ci , mais celles qu'il avoit faites lui-même
à l'inſçu de ſon maître , & contre la parole d'honneur qu'il lui avoit donné de ne jamais ſe prévaloir des connoiſſances imparfaites qu'il lui laiſ-
ſoit acquérir; après quoi, & dans la même journée,
on vit le devoué de M. Meſmer , l'évangéliſte de
la bienfaiſance , le martyr de l'amour de l'humanité, annoncer au Public que, *dans ſa profonde
douleur de ce que la France venoit de perdre
M. Meſmer ſans retour*, il s'empreſſoit , pour

la confoler, de lui apprendre qu'il tenoit de lui le Magnétifme animal & fa doctrine, & que déformais il traiteroit tous fes frères infirmes dans fa maifon rue Montmartre... Il avoit effectivement déja raffemblé dans cette maifon trois ou quatre malades de M. Mefmer, qui devant la vie à celui-ci, crurent ne pouvoir donner de meilleure preuve de leur reconnoiffance, qu'en devenant les complices d'une trahifon, dont leur bienfaiteur étoit l'objet. Ces malades en attirerent d'autres, & depuis, la maifon jadis déferte eft habituellement remplie de gens qui viennent ou confulter le Docteur, ou éprouver fa vertu.

Or, quelle étoit l'intention du Docteur, en agiffant ainfi? Il vouloit par un chagrin violent, & en déployant une exécrable audace, éloigner à jamais M. Mefmer de la France; il l'avoit vu partir, accablé de dégoûts; il le connoiffoit infiniment fenfible, & n'y avoit-il pas tout lieu de croire qu'il ne reviendroit plus à Paris, fi fon feul ami dans cette ville immenfe, l'homme dans lequel il avoit eu le plus de confiance, devenu

traître avec éclat, s'y montroit armé de l'opinion publiqué, pour l'avilir ou l'écrafer ? Conce-
vez-vous, Monfieur, une conduite à la fois aussi
impudente & aussi lâche? Une pareille œuvre de
de fourberie ne peut être croyable pour celui qui
n'en a pas été le témoin; mais voici trois pieces
de conviction qu'il eft bon de connoître :

*LETTRE de M. Mefmer, Médecin de
la Faculté de Vienne, à M. Philip,
Doyen de la Faculté de Paris.*

MONSIEUR,

ON m'a fait lire le Difcours que M. * * * a prononcé dans votre affemblée du 20 du mois d'Août
dernier, & l'acte par lequel, pour avoir entretenu des relations avec moi, que vous regardez
comme pratiquant illicitement la médecine, vous
le fufpendez de fes fonctions doctorales pendant
l'efpace de deux années ; après quoi s'il ne change
de conduite & de maximes, il fera définitivement
rayé du tableau.

Je ne vous demanderai pas, Monſieur, ce que c'eſt que pratiquer la Médecine illicitement. Juſqu'à préſent, la Médecine m'avoit parue non pas un droit, mais une ſcience ; & j'avois penſé que celui qui démontre qu'il peut guérir, ne devoit pas être privé de la liberté de le faire. Je n'examinerai pas non plus, s'il eſt vrai que l'on puiſſe regarder, comme pratiquant illicitement la Médecine, un homme reçu Médecin dans une Faculté aſſez fameuſe, avoué depuis par votre Gouvernement, qui a voulu ſe l'attacher par des offres honorables, & tenant dès-lors de la même autorité que vous, la permiſſion de pratiquer la profeſſion qu'il a choiſie.

Un autre objet m'occupe en ce moment. M. * * *, dans ſon Diſcours, après avoir annoncé que je ne devois plus retourner en France, quoiqu'il ſût très-bien que mon abſence n'étoit que momentanée, fait entendre qu'il eſt le dépoſitaire de mon ſyſtême & de ma découverte : & pour donner plus d'autorité à ſes paroles, il demande qu'il ſoit procédé par des Commiſſaires, choiſis dans le fein de votre Compagnie , à l'examen de trente cures , qu'il a , dit-il , opérées par le Magnétifme animal.

Il eft poffible que M. * * * ait opéré des cures par le Magnétifme animal. Devenu par un concours de circonflances , dont je crois inutile de rendre compte , le feul Agent que je puiffe employer auprès des Compagnies favantes que je défirois affocier à mes travaux ; ayant été enfuite mon interprête , quand il s'eft agi de répondre aux propofitions que le Gouvernement a bien voulu me faire , à l'époque où il a fouhaité que je me fixaffe en France ; & depuis, n'ayant négligé aucune occafion de publier avec éclat fon dévouement à ma caufe , & fon zèle pour le progrès de mes opinions , M. * * * m'avoit paru un ami fûr , dont il ne me convenoit pas de me défier.

Interrogé fréquemment par lui fur les malades que je traitois, & fur ceux qu'il traitoit lui-même, je n'ai pas crains de lui laiffer entrevoir mes procédés. Ainfi , je ne ferois pas furpris qu'en les imitant , comme j'entends dire qu'on les imite

ailleurs , il eut produit des effets falutaires ; &
ceci ne prouveroit autre chofe , que la perfection
du moyen que je mets en œuvre. Mais je ne l'ai
jamais pofitivement inftruit ; jamais je ne lui ai
dévoilé la théorie très-étendue , & je crois , affez
profonde , qu'il faut étudier , pour fe dire , avec
quelque vérité , poffeffeur de ma doctrine & de
ma découverte. Il y a plus : en lui faifant appercevoir combien les connoiffances imparfaites que
je lui laiffois acquérir , étoient infuffifantes pour
conftituer proprement une fcience , comment dès-
lors elles pouvoient devenir abufives , & quel inconvénient il y auroit à les divulguer , avant que
je fuffe placé dans des circonftances propres à dé-
velopper tout-à-la-fois le fyftême auquel elles ap-
partiennent , je l'avois engagé à ne pas s'en prévaloir , fur-tout d'une maniere publique : & convaincu de la fageffe de mes motifs , il m'avoit
donné fa parole de garder le filence le plus abfolu
fur tout ce qu'il apprendroit auprès de moi.

Et cependant , M. *** annonce qu'il a ma découverte. Que fait-il , en fe permettant cette dé-

marche ? Il fe rend évidemment coupable d'un double crime : il me trahit , parce qu'il difpofe , fans mon aveu , d'une chofe que je dois regarder comme ma propriété , & comme une propriété d'autant plus précieufe , qu'elle m'a coûté plus de peine à acquérir , & qu'elle m'a expofé à plus d'infortune. Il en impofe au Public , parce qu'il effaye de faire croire , fans aucune reftriction, qu'il peut me remplacer ; qu'on doit efpérer de lui tout ce qu'on avoit attendu de moi , & que fes con-noiffances font affez complettes , pour que mon abfence ne laiffe point de regrets à ceux qui avoient quelque opinion de mon favoir.

Or , Monfieur , comme on eft accoutumé à penfer que M. *** n'agit que d'après mon im-pulfion , comme en effet jufqu'à préfent nos dé-marches ont été à-peu-près communes , & qu'à caufe de nos relations anciennes , la mefure de confiance qu'on auroit en lui , feroit infaillible-ment déterminée d'après la confiance qu'on pour-roit avoir en moi , il importe a ma réputation que je dois l'empêcher de compromettre , & plus que cela, au progrès de ma doctrine, dont il connoît à peine quelques élémens, & dont même, sous prétexte de faire le bien, je ne veux pas que l'on abuse; il importe, dis-je, que l'on sache quelle opinion j'ai de ses procédés; il faut sur-tout que l'on soit averti que je n'avouerai désormais rien de ce qu'il pourra faire, que ses fautes lui seront personnelles comme ses succès, & que ce n'est pas chez lui, quoiqu'il ait essayé de le faire entendre, qu'il faut aller chercher le système de mesconnoissances.

M. * * * ayant prononcé en présence de votre Compagnie le Discours dont je me plains, ce n'est qu'à vous, Monsieur, que je puis recourir, pour donner à la déclaration que je fais ici, toute la publicité qu'elle doit avoir. Vos Confreres n'auroient certainement pas accueilli M. * * *, démontrant même qu'il avoit ma découverte, & que ma découverte étoit utile, parce qu'il leur eût paru odieux de profiter d'une chose qui ne peut appartenir à personne, sans l'abandon ou le consentement de celui qui en est le propriétaire; vos Confreres ne devoient donc pas approuver la

conduite que M. * * * a tenue dans cette cir-
conftance.

D'après cela, Monfieur, je me perfuade que vous ne refuferez pas de lire dans le même lieu, où l'on a fi publiquement abufé de ma bonne-foi, la Lettre que j'ai l'honneur de vous écrire.

Plus accoutumé à la réfignation qu'à la vengeance, je me tairois, fi je pouvois me taire; mais dans une affaire, qui eft devenue celle de toute ma vie, & de laquelle dépend aujourd'hui toute ma renommée, je dois la vérité au Public, & je la lui dois d'autant plus, que, fi je gardois le filence, il pourroit être plus facilement trompé.

J'ofe donc efpérer, Monfieur, que vous daignerez faire quelque attention à ma demande. Comme il ne s'agit en cette occafion ni de ma perfonne, ni de mon fyftême, mais d'un fimple acte de juftice, quelle que foit la différence de nos fentimens, j'ai une trop haute opinion de votre équité, pour ne pas croire que vous ne verrez ici que la néceffité de ma réclamation, & que vous voudrez bien mettre quelque empreſſement à me ſatisfaire.

Je ſuis avec reſpeɕt, &c.

Aix - la - Chapelle, 4 Oɕtobre 1782.

LETTRE de * * * à M. Meſmer.

JE ne puis vous exprimer, Monſieur, quelle a été ma ſurpriſe, lorſque hier, dans l'après-dîné, j'ai appris qu'il avoit été lu en Faculté une Lettre de vous contre moi. Quoiqu'on m'aſſurât ſon exiſtence de la maniere la moins douteuſe, & qu'on me répétât ſon contenu, j'ai eu bien de la peine à me perſuader que vous vous fuſſiez porté à une démarche auſſi nuiſible à vous-même. Je ne chercherai pas à vous faire ſentir d'avance les chagrins que vous venez de vous préparer; je prévois qu'il vous en naîtra de tous les côtés.

Il m'étoit déja revenu de Spa nombre de preu-ves de la mal-adreſſe avec laquelle on y plaide votre cauſe. Néanmoins je ne m'occupois que du deſir de vous voir, pour vous expliquer, article par article, chaque point de ma conduite ; mais votre démarche à la Faculté m'arrête. Avant tout, j'ai befoin de réfléchir mûrement la maniere dont je me comporterai dans cette occafion délicate. En attendant, veuillez bien vous rappeller que le jour *où je vous déclarai formellement que je connoiffois votre découverte, & où vous approuvâtes formellement l'ufage que j'en entendois faire & que j'en faifois*, vous me forçâtes d'accepter une tabatiere d'or, en figne d'amitié. Je ne me permets plus de la garder, je vous la renvoye. Cependant je vous prie de croire que c'eft moins au reffentiment qu'à la décence que je la facrifie. Elle m'étoit inutile, mais elle m'étoit chere, en ce que, par les circonftances où elle m'avoit été donnée, elle paroiffoit un gage de notre union & de votre amitié.

J'ai l'honneur d'être avec un attachement inviolable, Monfieur, &c.

Paris, 19 Octobre 1782.

RÉPONSE

RÉPONSE *de M. Mesmer à* M. * * *.

C'EST avec les sentimens de l'indignation la plus profonde, Monsieur, que j'ai lu l'étonnante Lettre que vous m'avez écrite avant - hier. Est - il bien possible qu'après m'avoir trahi de la maniere la plus lâche, vous osiez porter l'audace jusqu'à dire que vous n'agissez que de mon consentement, & que vous entrepreniez de me le persuader à moi-même ?

Quoi ! il a existé un jour *où vous m'avez dé-claré formellement que vous aviez ma décou-verte, & où j'ai approuvé formellement l'usage que vous en faites aujourd'hui ?* Et cette taba-tiere d'or que vous me renvoyez, & que je vous ai prié d'accepter comme un gage de mon amitié, vous voudriez maintenant la faire regarder comme une preuve de la satisfaction avec laquelle j'ai appris que vous n'avez approché de moi, que pour vous emparer de ma propriété, & d'en disposer ensuite au gré de votre intérêt ?... Oh ! Monsieur, pourquoi tant d'absurdité après tant de perfidie ?

C

J'ignore quels font les chagrins que vous me préparez , & je ne fais à quel parti vous vous arrêterez , après avoir *mûrement réfléchi* fur ce qu'il vous convient de faire dans *l'occafion délicate* où vous vous êtes placé ; Mais quelque parti que vous preniez , Monfieur , & quel que foit le fort qui m'eft réfervé , je ne faurois croire que dans un pays, où il exifte encore une opinion & des mœurs , votre deftinée devienne jamais plus heureufe que la mienne , & que , par une exception particuliere , un crime, dont par-tout le châtiment eft l'infamie , puiffe vous mériter d'honorables récompenfes. (*b*).

Je fuis , Monfieur, votre , &c.

Paris, ce 21 Octobre 1782.

(*b*) J'ai tranfcris ces deux Lettres fur des copies que j'en ai vus dans plufieurs mains. On affure que c'eft M. * * * qui les a répandues pour fa juftification ; ce ne feroit pas une preuve de fon adreffe.

Il paroît par la Lettre de M. * * *, que le seul expédient qu'il ait cru propre à faire illusion sur sa déloyauté, étoit de prendre le ton de l'effronterie excessive; mais la réponse de M. Mesmer détruit toutes les vraisemblances sur lesquelles il pouvoit compter, lui ôte tout espoir d'abuser une minute un homme sensé, & l'oppresse déjà du poids du mépris des honnêtes gens, qu'il sent parfaitement ne pouvoir éviter. Quelle étrange révolution pour un homme, qui n'aguères annonçoit avec orgueil, qu'en se dévouant à la cause de M. Mesmer, il ne prétendoit qu'à l'honneur d'être l'holocauste qui s'immoloit volontairement sur l'autel de l'humanité! Au sein des projets de l'avarice, il n'étoit pas possible que le trouble ne s'emparât fréquemment de son ame, & que la perspective d'un opprobre éternel ne lui rendît quelquefois peu agréable l'espoir, d'ailleurs si consolant, d'une grande fortune. Dans les tourmentes de sa conscience, M. * * * imagina de faire proposer à M. Mesmer de se réunir avec lui, de former un établissement commun, d'administrer ensemble le Magnétisme animal , & de partager les profits. (*c*) Réunir , établir ensemble un homme plein

---

(*c*) M. * * * prétend aujourd'hui que c'est par amour pour l'humanité qu'il a manqué à tous ses engagemens avec M. Mesmer ; qu'il n'a pu résister au desir de soulager ses freres souffrants, & que c'est là le seul motif qui l'a porté à faire usage , contre sa parole d'honneur, du petit nombre de connoissances qu'il a dérobées.

Or, il est bon d'apprendre au public, que M. * * * a si peu songé à l'humanité dans tout ce qu'il a fait , que , tandis que M. Mesmer n'étoit occupé que de trouver une situation, où il pût rendre, le plutôt qu'il lui seroit possible , sa découverte publique sans inconvénient , M. * * * n'a cessé de le solliciter d'abandonner ce projet généreux , & de prendre en commun avec lui une maison , où l'un & l'autre auroient traité des malades pendant plusieurs années; après quoi, & sans doute lorsqu'ils auroient acquis tous les deux une fortune considérable, on auroit publié ou vendu sa méthode.

Il faut apprendre au public, que ce n'est que, parce que M. Mesmer a constamment déclaré que ce plan répugnoit à sa façon de penser, que M. * * * s'est enfin déterminé à le trahir : que toutes les démarches que M. * * * a fait faire auprès de M. Mesmer , depuis le d'honneur, & le perfide qui l'a surpris ! Il y a de la démence à l'espérer. Et puis, partager les *profits* de son larcin avec celui à qui on l'a fait, voilà une étrange restitution ! A qui encore s'adresse cette expression, ce terme *profits* ? Au grand homme, qui a le mieux prouvé par l'abandon constant de sa fortune, que la gloire & la renommée sont les seules récompenses dignes de son ame, & qui, ignorant, pour ainsi dire, si l'or est quelque chose, a vu ses ennemis les plus

retour de ce dernier à Paris, n'ont encore eu que l'admission de ce même plan pour objet ; & qu'aujourd'hui, ce n'est que dans le désespoir de n'avoir pu réussir qu'il appelle l'humanité à son secours, & qu'il proteste ne s'être dispensé de ses sermens, que pour obéir à ses premieres loix.

Le fait que je rapporte ici, je le dois à M. * * * lui-même ; je l'ai entendu se plaindre plusieurs fois de ce que M. Mesmer, trop préoccupé de la fantaisie de faire du bien aux hommes, négligeoit un peu trop leurs communs intérêts. Maintenant, M. * * * tient un autre langage, mais, grâce au larcin qu'il a fait, on ne voit que trop qu'il ne court aucun risque à le tenir.

déterminés admirer hautement la nobleſſe de ſon déſintéreſſement.

, Il eſt donc vrai, que l'homme immortel, qui s'eſt aſſuré l'admiration & la reconnoiſſ.nce des générations futures, n'a encore reçu de celle-ci que des outrages! Il eſt donc vrai que la découverte, qui fait le plus d'honneur au génie & au cœur humain, a été parmi nous dérobée lâchement à ſon Auteur! Je vous avoue, Monſieur, que comme François je ſuis humilié que la préférence que M. Meſmer nous avoit donnée, ait été accueillie par des procédés ſi atroces, & ſur-tout je ſuis révolté que le crime, qui le dépouille d'une propriété ſi reſpectable, ſoit le crime d'un de mes Concitoyens. Ce que je vois encore de plus malheureux dans un tel larcin, c'eſt que l'adminiſtration du Magnétiſme animal, devant être éclairée par la doctrine la plus neuve, & la plus vaſte, il n'eſt pas douteux qu'elle n'eſt dans les mains de M. * * * qu'un empyriſme agiſſant aveuglément & méchaniquement par ſa ſeule vertu. Je ne penſe pas au moins qu'il y ait un Etre aſſez ſtupide, pour

croire que l'homme, qui a fubtilifé une découverte fublime, puiffe être en parité avec l'homme
de génie, qui l'a faite (d). D'ailleurs, j'ai entendu dire cent fois à M. * * *, qu'il ignoroit
abfolument la théorie du fyftéme de M. Méfmer;
il a configné cet aveu dans fon Difcours à la Faculté, dont j'ai parlé plus haut, & M. Mefmer

---

(d) Ce n'eft pas que les complices de la fourberie
de M. * * * n'affectent déja de répandre dans les focié-
tés, dont ils difpofent, qu'il en fait beaucoup plus que
M. Mefmer, & qu'il a fingulierement perfectionné fa
découverte; Mais cette opinion abfurde n'eft pas encore
accréditée : on voit trop bien que le fyftéme de M.
Mefmer eft une doctrine immenfe, invariablement déterminée comme les Loix de Képler, ou les principes
mathématiques de Newton, & qu'il n'y a rien à per-
fectionner dans une chofe qui, de fa nature, eft tout
ce qu'elle doit être. Et puis, on connoît trop M. * * * :
& l'auteur des *Obfervations fur le Magnétifme animal,
du Précis Hiftorique,* &c. eft trop loin de l'homme fupé-
rieur qu'il a trompé, pour qu'on foupçonne jamais qu'il
puiffe ajouter une idée à celles de fon maître.

aſſure la même choſe dans ſa Lettre à M. Philip. Il eſt donc clair que M. * * * a mutilé dès ſa naiſſance la découverte la plus importante à l'eſpece humaine.

Dans l'état où ſont actuellement les choſes, je ne vois d'eſpoir que dans nos Maîtres & leurs Miniſtres. La Reine, qui ne laiſſe échapper aucune occaſion de ſatisfaire le penchant de ſon cœur pour la bienfaiſance, a voulu ſe faire rendre compte de ce qui étoit réſulté des procédés de M. Meſmer. On n'a pu lui nier qu'ils n'euſſent produit des biens infinis; il ne lui en a pas fallu davantage pour la décider à ſe déclarer ſa Protectrice, & pour lui faire deſirer de le fixer en France. Elle chargea, dans le courant de l'année 1781, M. le Comte de Maurepas, de s'occuper de cette affaire. Ce Miniſtre donna un rendez-vous à M. Meſmer, l'écouta pendant deux heures avec autant d'attention que de ſatisfaction, & lui offrit, de la part du Roi, une penſion de vingt mille livres, & un emplacement de dix mille livres de loyer; mais ayant cru devoir cé-

der aux considératious que les intrigues dés Docteurs s'efforçoient de faire prévaloir , il mit à
cette grace des conditions qui compromettoient
sensiblement l'utilité de la découverte , & la
réputation de son Auteur. M. Mesmer eut la
générosité & la fermeté de refuser le sort qui lui
étoit offert , pour éviter les risques auxquels on
vouloit exposer la destinée de sa doctrine. Eh bien !
Monsieur , ce désintéressement , si noble, qui
caractérise si bien une ame supérieure ; ce désintéressement a été qualifié d'orgueil , d'entête-
ment, je crois même , d'hypocrisie ou d'avidité.
Et ce qui vous surprendra peu , à présent que
vous connoissez le masque , M. * * *, alors dans
la plénitude de son rôle tendre pour M. Mesmer , applaudissoit, d'une part , avec enthousiasme
au refus qu'il avoit cru devoir faire , (e) & d'autre

(e) Ce refus, M. * * * lui-même l'avoit préparé
avec une détestable adresse. Dans le dessein où il étoit
de réduire le Magnétisme animal en monopole, & de
s'en servir comme d'un moyen pour arriver à une

part, & particulierement à la Cour, il difoit ou faifoit dire, que M. Mefmer étoit un extravagant, de l'efpece la plus exigeante, & qu'il y avoit plus que de l'abfurdité à lui d'ofer réfufer les propofitions qui lui étoient faites. Par ce moyen il a réuffi à lui aliéner beaucoup de perfonnes confidérables, qui n'ont que le temps d'appercevoir, mais prefque jamais celui d'examiner : ainfi, en refroidiffant l'intérêt qu'on prenoit à M. Mefmer, il rompoit les liens par lefquels le Gouvernement vouloit fe l'attacher.

Je viens d'être informé d'un événement qui ne contribuera pas peu à rappeller l'attention de nos Maîtres, fur le Magnétifme animal. M. le Comte de Chaftenet-Puyfégur, qui avoit été, je ne fais

---

grande fortune ; il falloit bien abfolument que M. Mefmer n'acceptât pas les propofitions du Gouvernement, & tout projet, qui tendoit à donner à M. Mefmer des Eleves ou des Affociés, étant, comme on peut le voir, un projet inconciliable avec fes vues, il étoit tout naturel qu'il ne fût gueres empreffé de le faire réuffir.

pour quelle maladie ; pendant plufieurs mois au traitement de M. Mefmer, à force d'obfervations fur lui-même & fur ce qui fe paffoit fous fes yeux, devina une partie des procédés de M. Mefmer ; mais plein de la loyauté qui dirige les ames d'une trempe fupérieure, M. le Comte de Chaftenet s'empreffa d'avertir M. Mefmer de ce qu'il avoit pénétré, & de lui donner fa parole de n'en faire ufage qu'avec la plus fcrupuleufe difcrétion. Ce Gentilhomme, actuellement à Breft, y fut témoin le mois dernier de la douleur d'une famille qui alloit perdre une Fille chérie. Cette jeune perfonne ; attaquée d'une maladie de langueur, & depuis longtemps déclarée incurable, avoit reçu les facremens, & étoit jugée fans efpoir par les plus habiles Médecins du port & de la Ville. M. de Chaftenet, follicité par plufieurs perfonnes, offrit de lui faire éprouver les effets du Magnétifme animal. M. de la Borde, Médecin de la Marine, qui ne connoît dans la médecine d'autre intérêt que celui de foulager & de guérir, applaudit à cette propofition : la malade fut auſſi-tot ſoumiſe à l'épreuve , & les effets en furent ſi heureux , que quelques jours après , elle a recouvré les forces , l'appétit , & qu'au milieu des phénomenes les plus extraordinaires & les plus intéreſſans , elle fait des progrès rapides vers la ſanté. M. de la Borde s'eſt empreſſé d'atteſter ce fait , & de l'annoncer lui-même par pluſieurs lettres dans cette Capitale. Tous les Médecins du département le prociament également avec autant d'admiration que de zèle , & tous les Officiers de terre & de mer , qui en ont été les témoins , ne ceſſent de parler avec enthouſiaſme du grand homme, qui a ſurpris à la nature le moyen par lequel on fait de pareils miracles. Je crois que , ſi MM. P***, B***, V***, &c. s'aviſoient à préſent d'aller à Breſt ſoutenir une theſe contre le Magnétiſme animal dans leur purulent langage, nos Officiers & les Bretons applaudiroient d'une étrange maniere à leur ſcandaleuſe éloquence.

Après des preuves ſi multipliées , après un évènement auſſi éclatant que celui-ci, il n'eſt pas poſ-

fible qu'un Gouvernement paternel & bienfaiteur,
comme celui fous lequel nous vivons , ne porte
tous fes regards fur M. Mefmer ; il n'eft pas poffible que, méprifant l'orgueil de la vaine fcience,
les baffes intrigues , les manœuvres odieufes d'une
cupidité homicide , les Miniftres du meilleur des
Rois , & du plus tendre des peres , ne fe hâtent
de fixer honorablement au milieu de nous l'homme
immortel, qui eft venu nous apporter le moyen
de nous préferver & de nous guérir. Oui, fans-
doute ; un bienfait envers l'humanité doit être
mieux fenti en France , que dans aucune autre
contrée de l'univers. Les liens de l'amour & du
dévouement qui étreignent enfemble le Monarque
& les fujets , en rendant les François heureux du
bonheur de leur Roi , rendent leur Roi également heureux de leur bonheur. Croyez donc ,
Monfieur , que les intérêts les plus chers , les
devoirs les plus faints deffilleront inceffamment
tous les yeux , & qu'il eft impoffible que la vérité
arrivant au trône, le Roi vertueux, qui l'occupe, ne faififfe avec ardeur cette occafion infigne

de témoigner combien toutes les. inftitutions, toutes les découvertes, qui ont pour objet le falut des hommes, font précieufes à fon cœur.

J'ai l'honneur d'être, Monfieur,

Votre, &c.

www.ingramcontent.com/pod-product-compliance
Lightning Source LLC
Chambersburg PA
CBHW061322060726
47596CB00003B/1040